Lejalem Haile Zegeye

Caracterização de materiais usando FTIR, NMR e Espectroscopia Óptica

Lejalem Haile Zegeye

Caracterização de materiais usando FTIR, NMR e Espectroscopia Óptica

ESPECTROSCOPIA FTIR, ESPECTROSCOPIA NMR, ESPECTROSCOPIA ÓPTICA.

ScienciaScripts

Imprint

Any brand names and product names mentioned in this book are subject to trademark, brand or patent protection and are trademarks or registered trademarks of their respective holders. The use of brand names, product names, common names, trade names, product descriptions etc. even without a particular marking in this work is in no way to be construed to mean that such names may be regarded as unrestricted in respect of trademark and brand protection legislation and could thus be used by anyone.

Cover image: www.ingimage.com

Este livro é uma tradução do original publicado sob ISBN 978-620-3-19303-9.

Publisher:
Sciencia Scripts
is a trademark of
International Book Market Service Ltd., member of OmniScriptum Publishing Group
17 Meldrum Street, Beau Bassin 71504, Mauritius
Printed at: see last page
ISBN: 978-620-3-13773-6

Abstrato

A caracterização de materiais de engenharia é uma tarefa fundamental para a concepção de material de engenharia específico para uma aplicação específica. Há várias formas de o mundo poder caracterizar materiais de engenharia, mas as mais adoptadas são três: as caracterizações químicas, térmicas e eléctricas. Neste livro, as caracterizações químicas de certos materiais de engenharia foram realizadas utilizando as mais recentes ferramentas e técnicas tecnológicas, incluindo FTIR, NMR e microscópio óptico. Finalmente, o resultado exacto foi proposto aos utilizadores utilizando uma visão diagramática de cada resultado de teste.

Palavras-chave: Materiais de engenharia, caracterização, e tecnologia

1. ESPECTROSCOPIA FTIR

INTRODUÇÃO

A espectroscopia infravermelha estuda as transições entre os estados vibracionais dos átomos nas moléculas. A transição ocorre apenas se uma determinada frequência for atingida, e esta frequência é a impressão digital de cada grupo funcional. As moléculas excitadas pela sua radiação de frequência natural, que se encontra na região IR, podem vibrar de diferentes formas chamadas modo de vibração. Alguns destes modos são: alongamento (str), flexão (bend), balanço (rk), torção, etc....

No entanto, nem todos os modos de vibração estão activos no IR, pelo que alguns modos não podem ser vistos no espectro do IR. Apenas as vibrações normais que geram uma mudança no momento dipolo da molécula são chamadas de IR activas e são detectáveis no espectro IR. Por exemplo, um alongamento In-Phase (ip-str) de uma molécula linear não produz uma alteração no momento dipolo global e, por isso, não pode ser visto no espectro IR.

O instrumento utilizado neste estudo é um espectrómetro FTIR e é composto principalmente por uma fonte IR, um interferómetro, uma câmara de amostra, um detector e alguns dispositivos ópticos a fim de modificar a trajectória óptica. A fonte gera um feixe IR policromático que é enviado para o interferómetro. O interferómetro, através de espelhos fixos e móveis e de um separador de feixe, codifica todas as frequências de radiação explorando o efeito de interferência e cria o chamado interferograma [Fig. 1]. Desta forma, o sinal que contém todas as frequências do feixe policromático é enviado para a amostra.

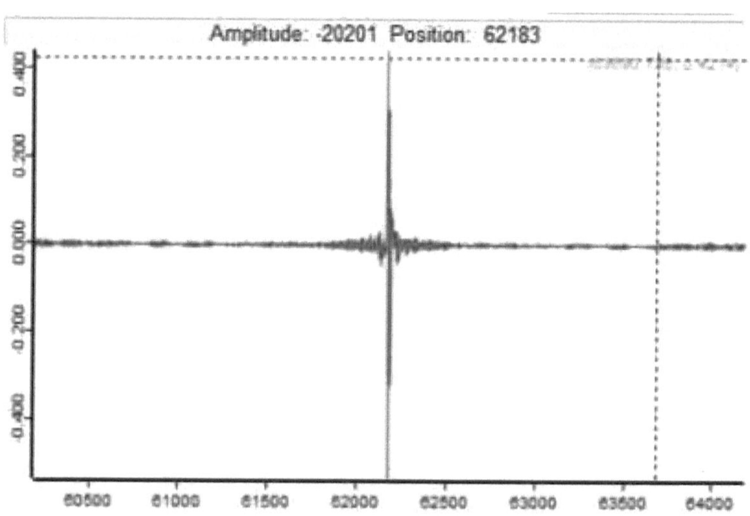

Fig. 1: Interferograma contendo todas as frequências da fonte policromática

Uma transformação de Fourier é realizada à radiação que passou através da amostra e assim o sinal é transformado para uma função do comprimento de onda (ou o recíproco: o número de onda). Por meio de várias varreduras, o sinal é calculado como média e assim a relação sinal/ruído aumenta. O FTIR pode ser utilizado no modo de transmissão ou no modo de reflexão.

As amostras sólidas foram finamente moídas e normalmente misturadas com um pó de KBr que é transparente para a radiação IR. Desta forma, pode ser aplicada a lei Lambert-Beer (concentração diluída: 5 mg de amostra e 100 mg de KBr). O pó misto foi depois prensado e o resultado foi uma pequena amostra de pellet.
O instrumento utilizado nesta actividade foi um Espectrómetro Bruker FT-IR em modo de transmissão e foram utilizados os seguintes parâmetros de configuração:

- Gama Wavenumber: $4000 \div 400$ cm-1;
- Número de digitalizações: 64;
- Resolução: 4 cm-1.

PROCEDIMENTOS EXPERIMENTAIS

Foram analisadas quatro amostras.

Em primeiro lugar, o espectro de fundo (absorção do número de ondas) foi registado para poder subtraí-lo do espectro da amostra e assim reduzir o ruído [Fig. 2]. O espectro de fundo é composto pelo efeito do ar (principalmente H_2O e CO_2) e a perturbação devida aos componentes ópticos. A energia que não é absorvida (região abaixo do espectro) é muito pequena em comparação com a absorvida (região acima do espectro).

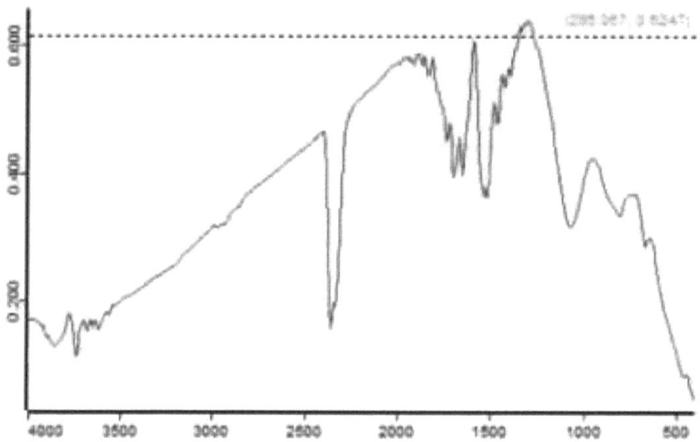

Fig. 2: Espectro de fundo

Em seguida, cada amostra foi analisada seguindo este procedimento:

- Gravação de sinais;
- Subtracção entre o sinal de fundo e o sinal de amostra;
- Transformação de Fourier do sinal;
- Pico de selecção no espectro adquirido;
- Procura-match da possível estrutura a partir de uma base de dados e utilizando os gráficos de correlação;
- Avaliação e identificação do composto desconhecido analisado.

ANÁLISE DE DADOS

AMOSTRA 1:

A primeira amostra foi um material polimérico utilizado como saco de congelação. O espectro [Fig. 3] apresenta picos muito acentuados e bastante estreitos que são características de compostos orgânicos.

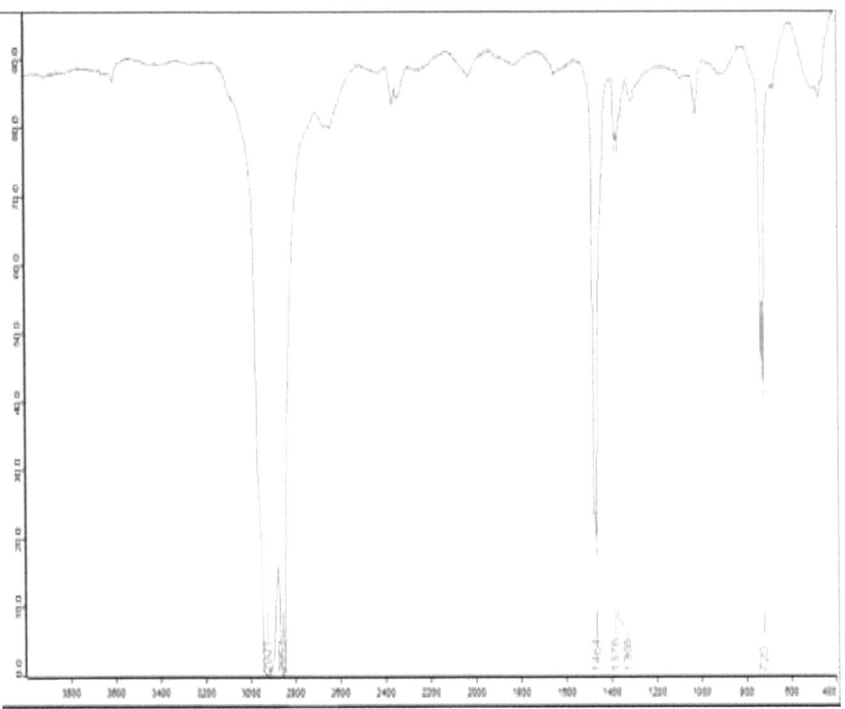

Fig. 3: Amostra de espectro 1

- O primeiro pico a 2921 cm-1 está no intervalo do alongamento dos alcanos, em particular o alongamento fora de fase CH2 (oop-str). Este pico é muito relevante e dá origem a uma pequena saturação do sinal. Portanto, o conteúdo de CH2 na estrutura é enorme.
- Também o segundo pico a 2852 cm-1 é referido ao alongamento do CH2 mas, neste caso, o da fase.
- Os sinais a cerca de 2300 cm-1 são referidos ao alongamento fora de fase do CO2. Provavelmente o fundo foi ligeiramente modificado durante a inserção da amostra e isto afectou o espectro da amostra porque nem todo o componente de dióxido de carbono do fundo pôde ser removido. Esta questão pode ser vista para toda a amostra analisada, mas não afecta os resultados.
- O sinal a 1464 cm-1 é provavelmente a soma de oop-bending de CH3 e o bending de grupos funcionais CH2 porque a intensidade de pico elevada.
- Os picos muito próximos a 1378 e 1368 cm-1 podem ser atribuídos à flexão ip das moléculas CH3. Ambas são referidas ao mesmo comportamento porque cadeias de polímeros com diferentes comprimentos geram sinal em posições ligeiramente diferentes e provavelmente é este o caso.
- O último pico a 720 cm-1 é o balançar dos grupos funcionais CH2. Também neste caso o pico é o dobrot porque o comprimento diferente das cadeias de polímeros.
- A identificação do material foi levada a cabo utilizando o software de pesquisa e exploração da grande base de dados de compostos padrão. O composto que melhor se ajusta ao espectro analisado é o Polietileno de Baixa Densidade (PEBD) [Fig. 4].

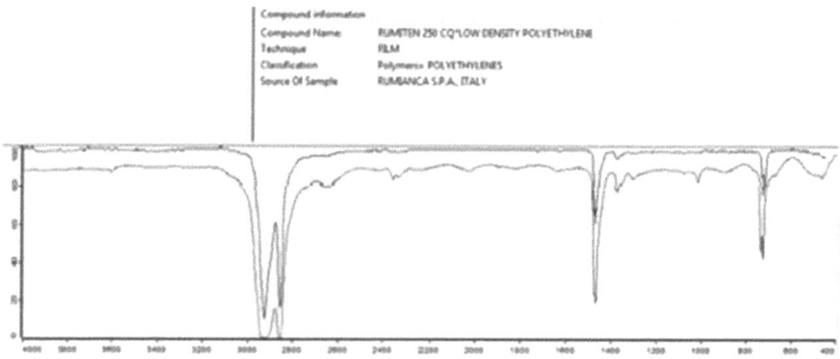

Fig. 4: resultado da pesquisa da amostra 1. Linha vermelha = espectro de entrada; linha azul = espectro do composto sugerido.

Todos os picos estão bem ajustados e uma vez que o PE é utilizado principalmente como embalagem leve como no caso de sacos de congelação, o resultado é aceitável.
A estrutura do PE [Fig. 5] confirma todos os comentários feitos anteriormente. O conteúdo de CH2 é maior do que o de CH3 porque estão apenas nas extremidades de cada cadeia.

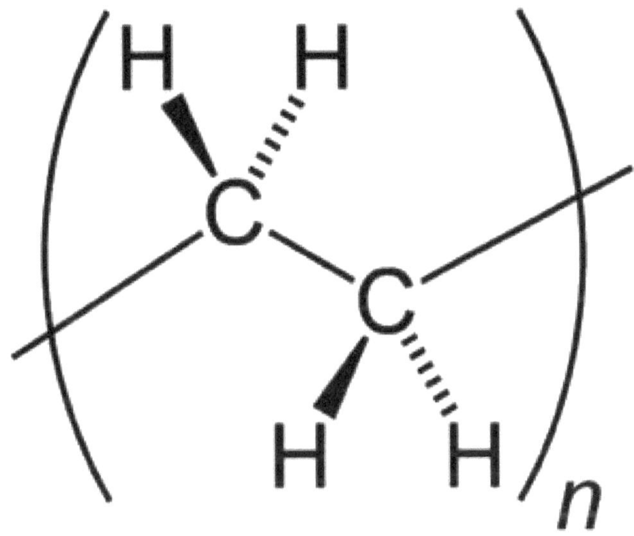

Fig. 5: Estrutura de polietileno. CH2 no interior da corrente e CH3 nas extremidades.

AMOSTRA 2:

Neste caso, a amostra estava em pó e por isso foi produzida uma pastilha de KBr a fim de a diluir e analisar melhor. O resultado é o espectro abaixo. [Fig. 6].

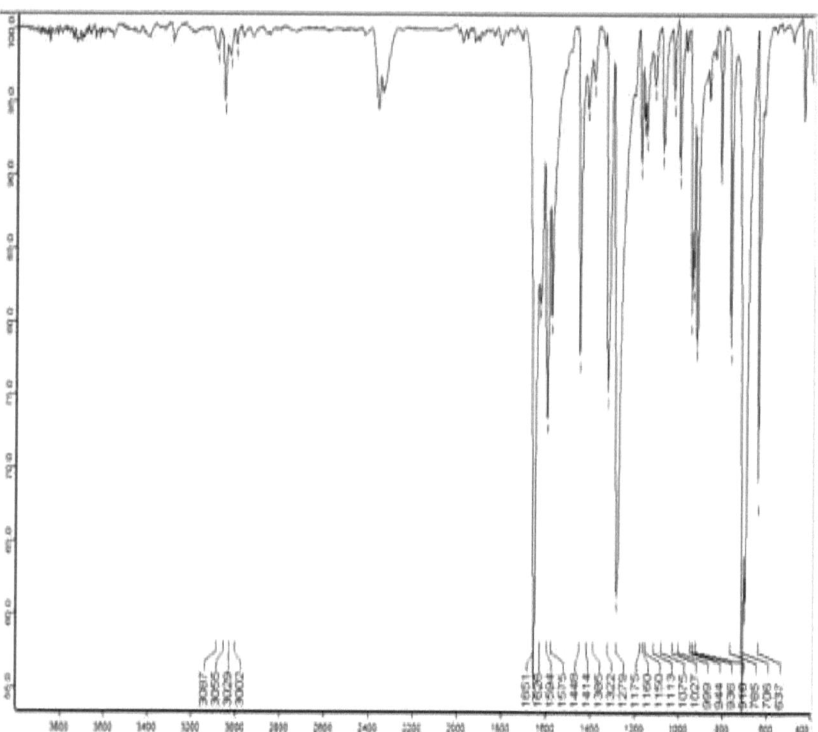

Fig. 6: Amostra de espectro 2

Também neste caso é um composto orgânico. O componente residual de CO2 a 2300 cm-1 está novamente presente, mas não afecta o espectro geral.

* Os quatro picos de 3087 cm-1 a 3002 cm-1 são referidos ao alongamento do aryl CH. Assim, um ou mais grupos funcionais aromáticos estão presentes na estrutura, devido às diferentes posições de pico do sinal.
* A 1651 e 1626 cm-1 há o alongamento do grupo carbonilo C=O. Estas posições de pico são ligeiramente inferiores ao intervalo normal, provavelmente devido à presença de cetonas di-aromáticas.
* Os picos de 1594 e 1575 cm-1 representam o alongamento quandrant dos anéis aromáticos enquanto que os entre 1448 e 1385 cm-1 são o alongamento do anel semicírculo.
* A região entre 1322 cm-1 e 950 cm-1 é fortemente afectada tanto pela vibração esquelética do C-C como pela flexão em fase C-H dos hidrocarbonetos aromáticos. O pico muito intenso a 1279 cm-1 pode ser referido ao alongamento fora de fase do CC-C
* O pico muito intenso a 706 cm-1 é referido à curvatura de oop dos anéis aromáticos.
* O pico a 637 cm-1 é relativo à curva de anel no plano de um anel aromático mono-substituído. Aqui também neste caso, o composto foi identificado usando um programa de pesquisa [Fig. 7] e a estrutura mais adequada é a da benzofenona [Fig. 8].

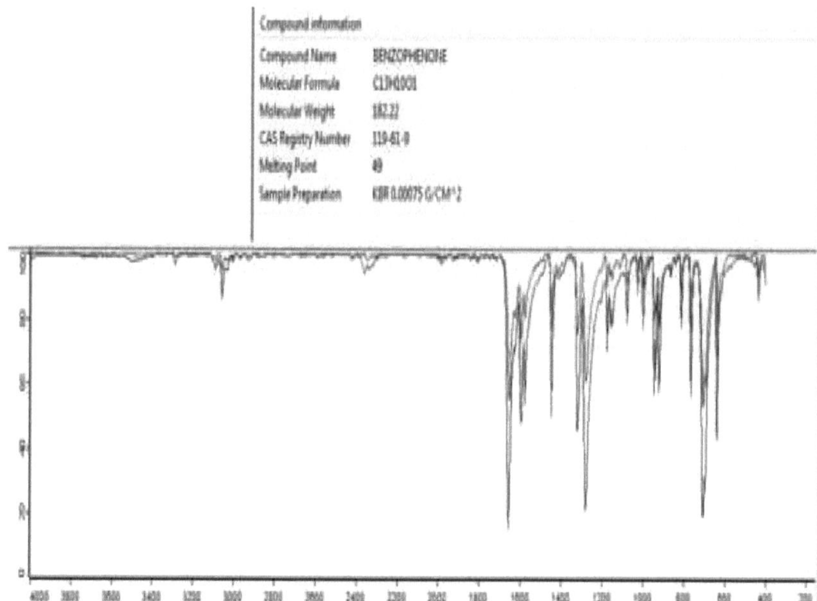

Fig. 7: Resultado da pesquisa da amostra 2. Linha vermelha = espectro de entrada; linha azul = espectro do composto sugerido.

A sobreposição é muito boa e todos os picos estão representados na estrutura proposta. A análise dos picos feita antes resulta numa estrutura com anéis aromáticos e grupos carbonílicos, especialmente uma cetona ligada a anéis aromáticos, de modo a que a estrutura combinada possa ser confirmada.

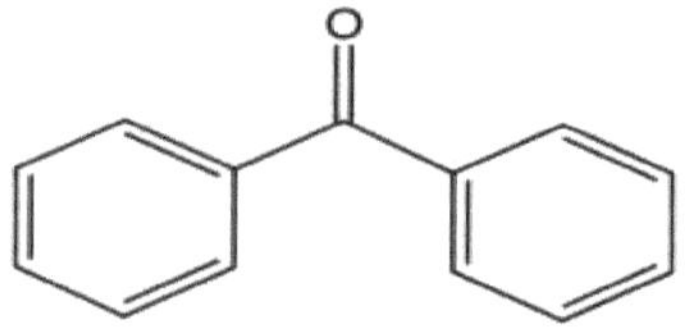

Fig. 8: Estrutura molecular da benzofenona

AMOSTRA 3:

O espectro da amostra 3 [Fig. 9] apresenta poucos e muito amplos picos. Estas características são particulares dos compostos inorgânicos.

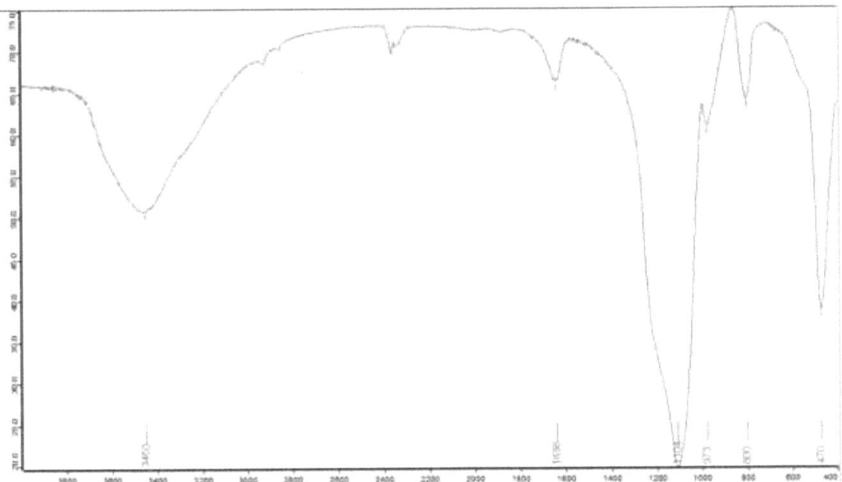

Fig. 9: Amostra de espectro 3

Utilizando principalmente um procedimento gráfico de correspondência dos espectros disponíveis nas lâminas da lição [1], o composto proposto que apresenta um espectro semelhante é o SiO2 amorfo. [Fig. 10a]

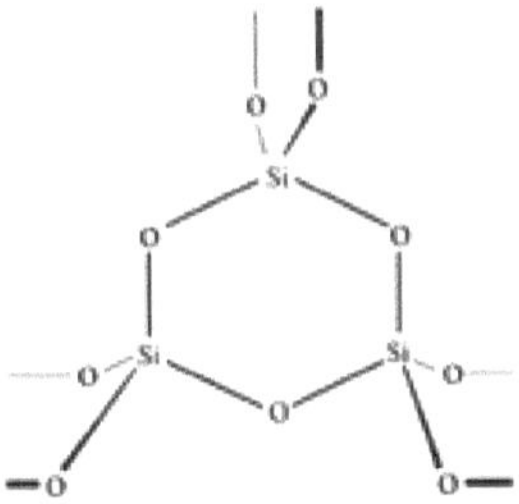

Fig. 10a: Estrutura da rede SiO2

Usando a descrição detalhada encontrada na literatura [2] e comparando o espectro analisado com o espectro em [Fig. 11], foi possível realizar a atribuição dos picos.

A banda muito larga a 3450 cm-1 pode ser atribuída a diferentes fenómenos de absorção devido ao grupo funcional O-H: Alongamento de O-H em água ligada a H [Fig. 10b], terminais hidroxil, Si-OH ligado a H ao longo da matriz. [3]

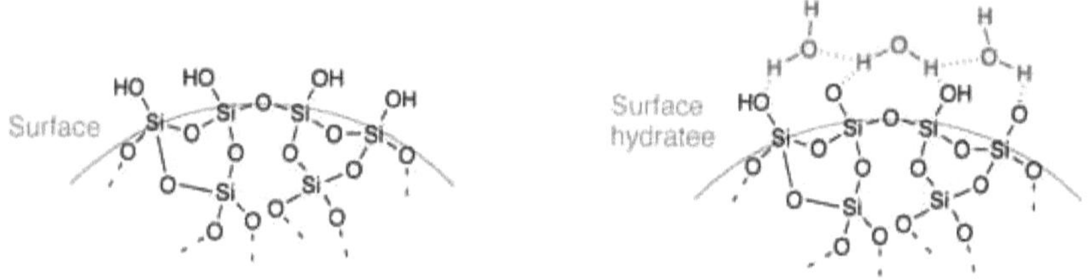

Fig. 10b: Superfície desidratada e hidratada de SiO2.

* A amostra mostra picos referidos a uma superfície hidratada.
*
* A faixa a 1638 cm-1 está relacionada com a vibração de flexão em tesoura das moléculas de H20.
* O pico largo com intensidade máxima a 1104 cm-1 pode ser atribuído ao alongamento assimétrico Si-O-Si. [2]
* A pequena faixa a 973 cm-1 deve-se aos grupos Si-OH presentes na superfície dos pós.
* Tanto as faixas de 800 e 470 cm-1 são devidas às vibrações de estiramento simétrico dos grupos Si-O-Si.

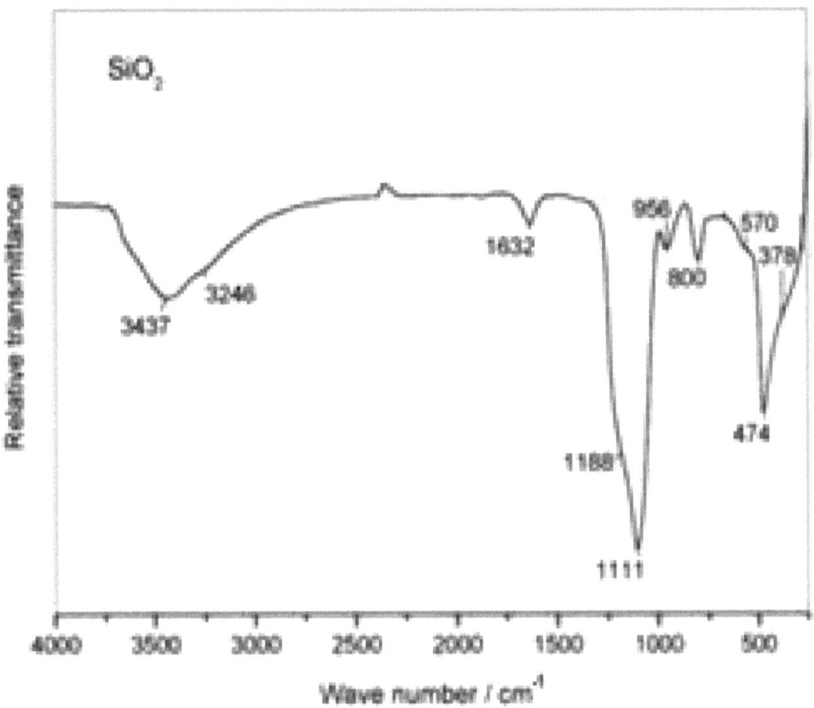

Fig. 11: Espectro de correspondência proposto para o composto desconhecido. [2]

AMOSTRA 4:

A última amostra foi retirada de uma película de polímero utilizada como embalagem. Este material é transparente e elástico. O espectro [Fig. 12] mostra o comportamento dos compostos orgânicos com muitos picos afiados.

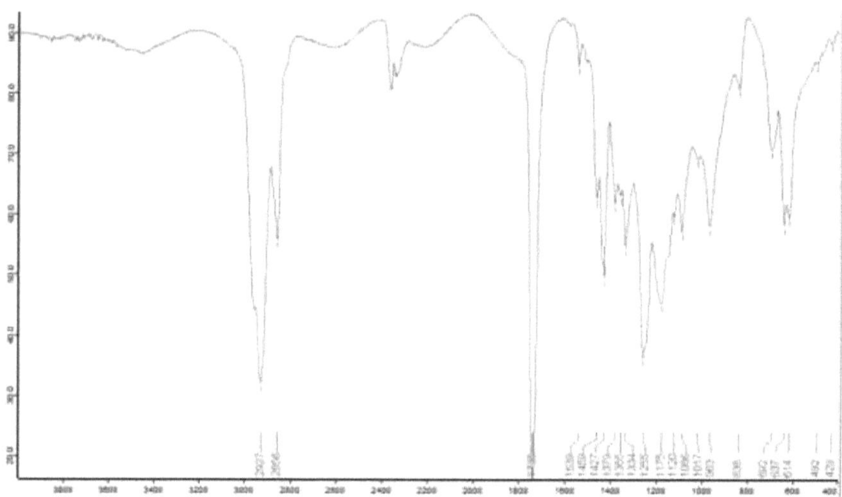

Fig. 12: Amostra de espectro 3

- Os picos na gama de 3000 ÷ 2800 cm-1 correspondem à vibração de estiramento C-H.
- O pico muito acentuado e intenso a 1735 cm-1 pode ser relacionado com um alongamento da ligação C=O.
- Os picos de cerca de 1400 cm-1 são atribuídos à ligação de flexão alifática C-H.
- O pico bastante intenso a 1255 cm-1 é atribuído ao abanão de C-H perto de Cl.
- O intervalo entre 1100 e 1000 cm-1 é o do estiramento da espinha dorsal C-C.
- Os últimos picos na região perto dos 650 cm-1 são atribuídos ao alongamento C-Cl do gaúcho.
- O resultado da pesquisa é mostrado em [Fig. 13] e é o espectro do policloreto de vinilo (PVC).

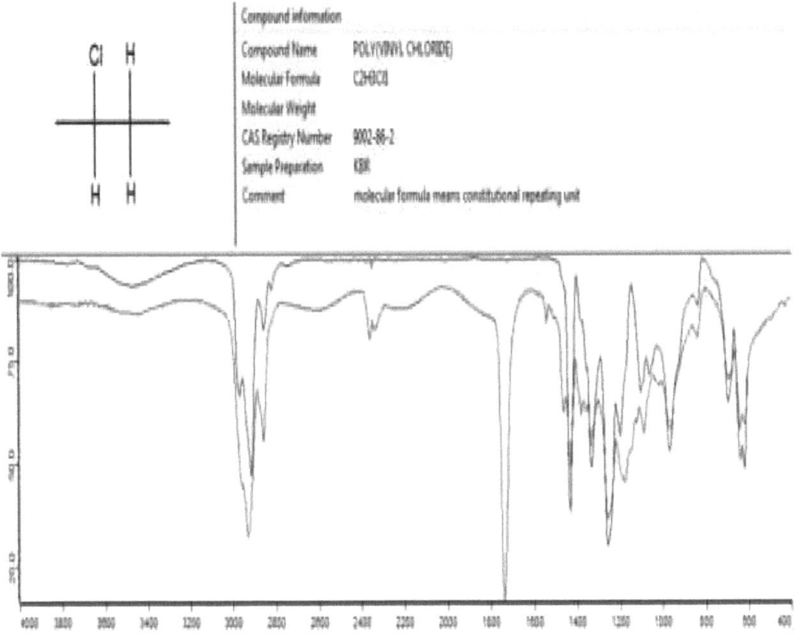

Fig. 13: Resultado da pesquisa da amostra 2 e estrutura relativa do PVC. Linha vermelha = espectro de entrada; linha azul = espectro do composto sugerido.

O resultado é aceitável mesmo que alguns picos não sejam ajustados assim a 1735 cm-1. Estes picos são provavelmente efeitos de aditivos tais como plastificantes, estabilizadores e outros adicionados para obter propriedades particulares no produto final ou como resíduo do processamento.

CONCLUSÕES

- Para todas as amostras atribuídas, foi atribuída uma estrutura e a sobreposição entre o espectro analisado e o proposto é boa.
- Uma investigação mais detalhada da amostra de Sílica poderia ser feita para ver o efeito nos espectros relacionados com a desidratação da superfície das partículas.
- Uma subtracção entre o espectro padrão do PVC e o analisado poderia ser feita a fim de tentar estimar qual é/são os compostos adicionados.
- É necessária uma melhor aquisição de sinal de fundo a fim de remover totalmente o sinal de CO_2 e assim adquirir melhores espectros.

REFERÊNCIAS

[1]   Slides do curso "Propriedades e Caracterização de materiais - Mod. II",
Sandra Dirè, 2016
[2]   Musić, S., Filipović-Vinceković, N., & Sekovanić, L.. (2011). Precipitação
de partículas amorfas de SiO2 e suas propriedades. Brazilian Journal of Chemical
Engineering, 28(1), 89-94.
[3]   BEGANSKIENĖ, Aldona, et al. FTIR, TEM e NMR investigações de
nanopartículas de sílica de Stöber. Mater Sci (Medziagotyra), 2004, 10: 287-290.

2. NMR ESPECTROSCOPIA

- **Introdução**

Ressonância Magnética Nuclear NMR é uma técnica que explora a interacção entre o spin nuclear e o campo magnético. O núcleo é considerado como NMR activo se o seu número quântico de spin nuclear for diferente de zero. Esta técnica não pode ser aplicada a elementos ferromagnéticos devido à sua magnetização permanente.

Um núcleo colocado num campo magnético estático B0, graças ao efeito Zeeman, muda a sua orientação do momento magnético e isto dá origem à divisão dos níveis de energia do núcleo. A diferença de energia entre os níveis de energia é proporcional à intensidade de B0 e, para observar uma transição entre estados, deve ser alcançada uma frequência específica v0 chamada frequência Larmor, particular por cada núcleo e função do campo magnético estático.

As experiências NMR consistem no estudo do processo de relaxamento que leva M a regressar do plano x-y para a direcção z de equilíbrio.

O processo de relaxamento é afectado pelas seguintes interacções relevantes:

- **Chemical Shift** δ: os electrões em redor do núcleo protegem parcialmente o campo magnético sentido pelo núcleo e levam a uma mudança na frequência de ressonância;
- **Acoplamento escalar J:** o acoplamento de dois ou mais núcleos equivalentes leva a uma divisão dos níveis de energia e à formação de picos múltiplos em vez de picos únicos;
- **Acoplamento dipolar D:** acoplamento entre dois núcleos que não necessita de ligações químicas e dá informação sobre a distância internuclear;
- **Interacção Quadrupolar Q:** esta está presente apenas em amostras sólidas e quando o número quântico do spin nuclear é superior a ½. Pode ser obtida informação sobre a geometria do sítio.

Para amostras em estado líquido, as interacções NMR são isotrópicas devido ao movimento rápido das moléculas que se podem mover livremente na amostra.

No caso de amostras de estado sólido, as interacções NMR são anisotrópicas porque as moléculas têm uma orientação fixa em relação ao campo magnético B0 e isto leva a um alargamento dos sinais. A fim de reduzir os componentes anisotrópicos e melhorar a resolução dos espectros, as amostras sólidas são orientadas com um ângulo mágico de 54,7° em relação ao B0 e são rodadas em torno do seu eixo muito rapidamente. Desta forma, o verdadeiro sinal isotrópico pode ser separado das bandas laterais giratórias SSB, que são apenas um efeito anisotrópico.

SOBRE O INSTRUMENTO

O instrumento NMR [Fig. 1] é composto essencialmente por: o íman, a sonda de amostra, a unidade pneumática, o pré-amplificador, a consola e um computador.

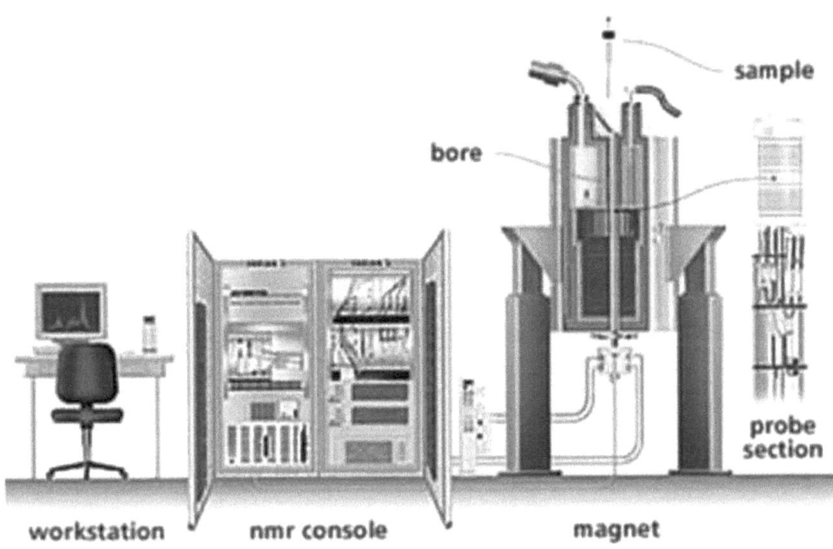

Fig. 1: Instrumentação NMR

O íman é um electroíman supercondutor [Fig. 2] que cria o campo magnético através de uma bobina na qual é bombeada uma corrente eléctrica (por exemplo: 40 A). O instrumento é etiquetado referindo-se ao campo magnético gerado B0 e pode ser expresso em Tesla (por exemplo: 7 T) ou respeitando a correspondente frequência Larmor do próton (por exemplo: um campo de 7 T requer um v0(1H) de 300 MHz, pelo que o instrumento é chamado de 300 MHz). As bobinas Shim são utilizadas para ajustar o campo magnético após a inserção da amostra que modifica as linhas de campo

Ele líquido a uma temperatura de 4 K é utilizado para arrefecer a bobina a fim de diminuir a sua resistência eléctrica. Uma segunda câmara externa de N líquido é utilizada por razões económicas (N líquido é mais barato do que He líquido) em vez de utilizar apenas uma grande câmara de He líquido. Os dewars concêntricos estão dentro de uma câmara de vácuo, a fim de diminuir o fluxo térmico para o exterior. Quatro torres na parte superior do recipiente permitem o reabastecimento dos dewars.

O suporte da amostra é feito por ZrO2 puro com uma tampa na extremidade com uma forma semelhante a uma turbina, a fim de deixar a amostra rodar na experiência MAS NMR. O diâmetro da sonda é proporcional à velocidade máxima de rotação permitida (por exemplo: taxa de rotação de 70 kHz significa um diâmetro de rotor de 1,3 mm).

Dois tipos de fluxos de ar poderiam ser utilizados e controlados por uma unidade pneumática: um precisa de manter a amostra não em contacto com a bobina supercondutora e o outro precisa da rotação da amostra na experiência MAS.

A sonda liga a amostra aos dispositivos electrónicos e mecânicos e é inserida no orifício a partir do topo.

A consola inclui o gerador de radiofrequência e todos os dispositivos que detectam e elaboram

o sinal. Controla também a unidade pneumática e os termopares que monitorizam as temperaturas do instrumento e da amostra.

O detector adquire a libertação de energia em função do tempo e deve ser deixado aberto durante todo o tempo de aquisição. É utilizada uma transformação Fourier para converter o sinal f(t) numa função de sinal da frequência F(v).

O pré-amplificador é utilizado a fim de não perder o sinal proveniente da consola devido a cabos longos.

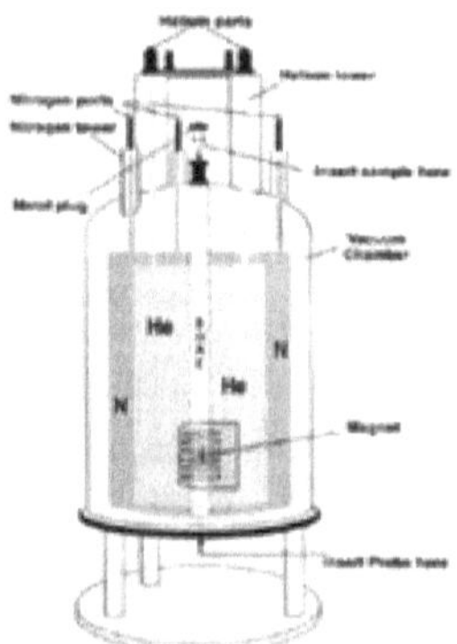

Fig. 2: O íman supercondutor

AMOSTRAS

O tipo de experiência e o tipo de informação que se pretende obter são decisivos na preparação da amostra e no tipo de sondas que são utilizadas.
No estado líquido NMR, as amostras sólidas são geralmente dissolvidas num solvente deuterado. O Deutério é utilizado porque não é um núcleo activo NMR.
As amostras de RMN em estado sólido podem ser: pós, cristais e qualquer um dos filmes laminados de material a granel.

TIPO DE EXPERIÊNCIAS: SEQUÊNCIA DE IMPULSOS

O tipo de experiência deve ser escolhido de acordo com o tipo de amostra e a resolução requerida. Um scan é composto por uma sequência de impulsos, o que significa uma sequência de impulsos de radiofrequência, um tempo de relaxamento durante o qual a detecção do sinal é realizada e um tempo de morte, a fim de permitir que o sistema atinja a condição inicial de equilíbrio. Aumentando o número de varrimentos na experiência, a relação sinal/ruído S/N pode ser melhorada e o sinal global torna-se a média de todos os sinais obtidos por cada varrimento.

As sequências de impulsos mais comuns que diferenciam as várias experiências são as seguintes:
-        **Single Pulse SP:** um impulso rectangular (μs) excita a amostra e depois inicia-se a aquisição do sinal;
-        **Sequência de desacoplamento DEC:** são utilizados dois canais a fim de tentar remover a interacção do acoplamento J. No primeiro canal há o núcleo que se quer analisar e no segundo, o núcleo que dá origem à interacção J. Após a aplicação do pulso de radiofrequência RF ao primeiro núcleo, durante o tempo de aquisição, é aplicado um pulso contínuo ao segundo canal a fim de alterar as rotações do segundo núcleo de modo a não poder acoplar-se às rotações do primeiro núcleo;
-        **Polarização Cruzada CP:** Esta sequência de pulso é executada apenas para amostras sólidas onde o núcleo que se quer analisar é um spin diluído (muito baixa abundância). São utilizados dois canais. No primeiro é utilizado o spin diluído e no segundo é utilizado um spin abundante. Após o pulso RF no segundo canal, são aplicados pulsos apropriados a ambos os canais pelo mesmo tempo de "contacto" após a partida Hartmann-Hahn, desta forma o comportamento de decaimento exponencial do spin abundante é transferido para o canal diluído aumentando a sua velocidade de relaxamento. Durante a aquisição do sinal no primeiro canal, no segundo é aplicada uma excitação de radiofrequência de desacoplamento, a fim de remover totalmente o acoplamento forte anterior.

2.5 13C CP-MAS ANÁLISE DE POLIPROPILENO

O polipropileno (PP) [Fig. 3] é um polímero termoplástico comummente utilizado como substituto do PE em aplicações de temperatura mais elevada. Foi utilizada amostra em pó de PP.

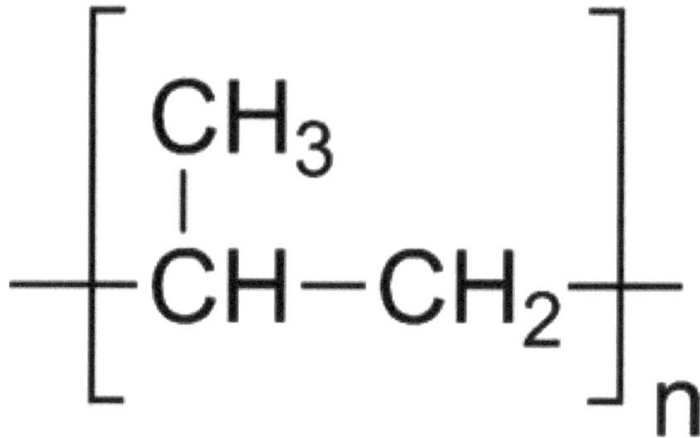

Fig. 3: Estrutura do PP

Uma análise CP-MAS NMR em 13C foi realizada utilizando 1H como segundo canal. O tetrametilsilano (TMS) foi utilizado como composto de referência a fim de calcular directamente os turnos químicos.

Foi realizada uma análise de pico [Fig. 4] utilizando o software OriginPro. Foram identificados quatro picos principais e o valor do desvio delta em ppm foi reportado por cada pico.

De acordo com os dados da literatura [1][2], o primeiro pico a 21.143 ppm é devido ao grupo CH3. Uma análise qualitativa aproximada dos picos [Fig. 5 - Pico direito] foi feita usando curvas Lorentzianas apenas para estimar quantos picos compõem o pico CH3 global. As três curvas representam a contribuição das diferentes tácticas do PP: isotática, sindiotáctica e atacástica, não em ordem. O pico a 20,97 ppm pode ser referido ao PP sindiotáctico e o menor a 22,19 ppm é a contribuição do PP isotático [3]. O pico médio pode ser considerado um iso-síndio-PP (atactic) misto. Estes diferentes turnos são devidos à diferente blindagem que o carbono relacionado com o grupo funcional CH3 sente, devido às diferentes posições dos vizinhos. O syndio-PP neste caso é a contribuição mais importante e o conteúdo da configuração sindiotáctica em relação à isotática, de acordo com as áreas subtendidas pelas duas curvas, é cerca de duas vezes.

O segundo pico a 25,7381 ppm representa o grupo CH [1][2]. O pico acentuado encaixa bastante bem no perfil teórico Lorenziano [Fig. 5 - Pico esquerdo]. O grupo CH não é afectado pela táctica do PP, o que resulta num pico muito estreito.

O último pico a cerca de 43 ppm é referido para o ambiente CH2. Também este pico é composto por vários picos sobrepostos [Fig. 6] como resultado das diferentes tácticas sentidas pelo grupo do metileno. Os grandes ombros presentes no fundo de todos os picos e os picos que se alargam são devidos à estrutura amorfa do PP que diminui a mobilidade das moléculas e aumenta o efeito anisotrópico das interacções.

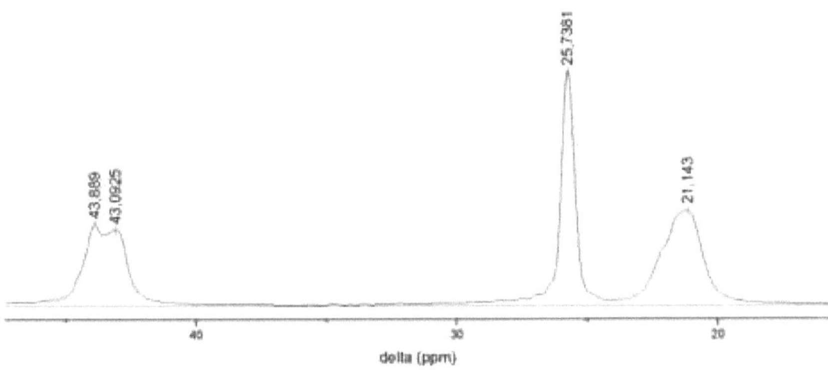

Fig. 4: Representação da posição dos picos de PP

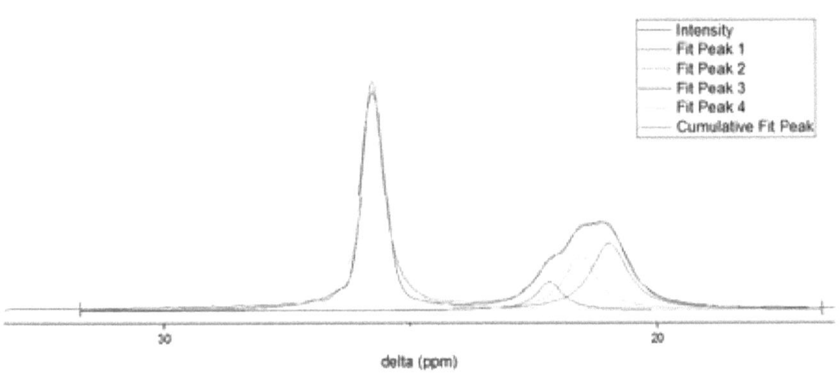

Fig. 5: Deconvolução qualitativa do espectro do PP na gama de 0-35 ppm

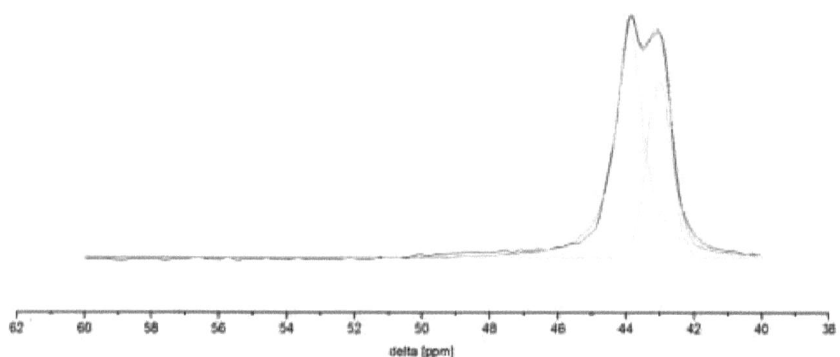

Fig. 6: Deconvolução qualitativa do espectro do PP na gama 40-60 ppm

2.6 ANÁLISE 1H SP-MAS DE HIDROXIAPATITE

Uma experiência de RMN de estado sólido utilizando o canal de prótons é normalmente evitada devido à alta anisotropia que afecta o espectro. No entanto, neste caso, devido à estrutura cristalina do HA e depois ao rápido relaxamento, a experiência 1H MAS pode ser feita com bons resultados [Fig. 7].

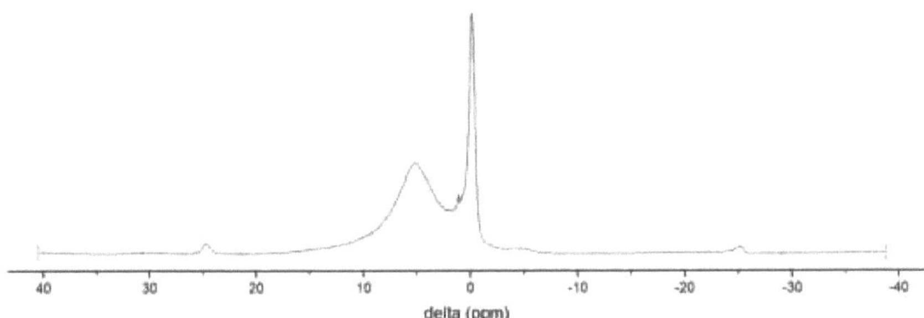

Fig. 7: Espectro 1H SP-MAS NMR de HA

A partir da análise da posição dos picos [Fig. 8], os dois picos a cerca de ±25 ppm são bandas laterais giratórias que não são totalmente removidas mas não afectam o espectro do HA.
Dois picos diferentes são referidos aos grupos OH. O agudo a cerca de 0 ppm representa os grupos OH presentes nos cristais e o largo a cerca de 5.1703 ppm é devido à humidade dentro dos poros. Em princípio, se a amostra tivesse sido seca, a intensidade do pico largo seria reduzida, mas o agudo permaneceria o mesmo

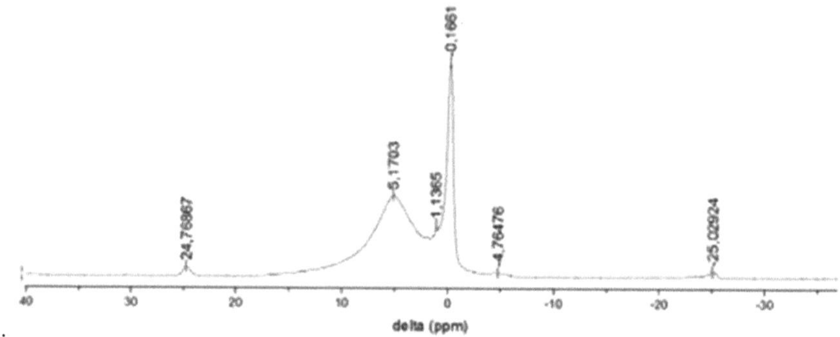

Fig. 8: 1H SP-MAS picos de posição de HA

O pequeno pico agudo representado em [Fig. 9] a 1.1365 ppm está relacionado com os protões presos na porosidade fechada e derivado do processo de produção. Estes átomos são livres de se moverem como no estado líquido e isto explica o pico muito agudo. De acordo com a acidez do ambiente dentro da porosidade fechada, este pequeno pico desloca-se ao longo do espectro.

A última pequena característica mostrada no espectro está a -4,76 ppm e é o efeito do ruído produzido pelo rotor.

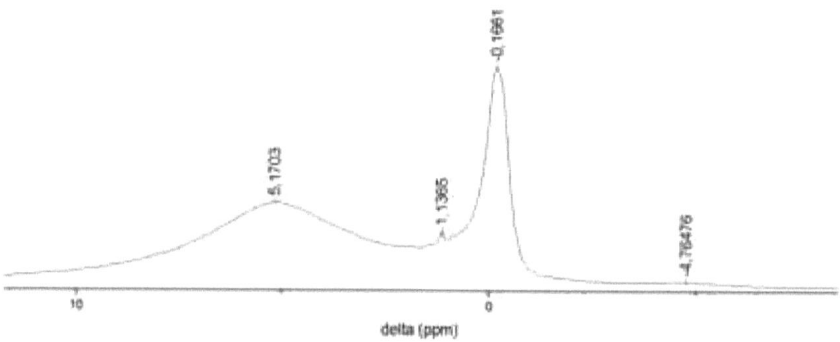

Fig. 9: Picos de posição 1H SP-MAS representação ampliada de HA

CONCLUSÕES

Tanto as análises sobre o PP como sobre o HA confirmam os dados comunicados na literatura. Em ambos os casos, não existe a influência das bandas laterais rotativas que possam afectar fortemente os resultados. Uma análise mais detalhada poderia ser feita no caso do PP com uma comparação entre as informações de táctica do pico CH2 e CH3. No caso de HA, poderia ser feita uma análise HA seca a fim de demonstrar a influência da humidade sobre o pico a cerca de 5 ppm.

REFERÊNCIAS

[1]   Wehrli, Wirthlin, Interpretation of Carbon-13 NMR Spectra, Heyden, New York, 1976.

[2]   Lon J. Mathias, Solid state NMR of polymers, Springer, 1991.

[3]   H. N. Cheng, G. H. Lee, Two-dimensional NMR studies of Polypropylene Tacticity, Polymer Bulletin 13, 549-556 (1985).

[4]   Jäger, C., Welzel, T., Meyer-Zaika, W. e Epple, M. (2006), A solid-state NMR investigation of the structure of nanocrystalline hydroxyapatite. Magn. Reson. Chem., 44: 573-580.

3. ESPECTROSCOPIA ÓPTICA.

Introdução

A espectroscopia óptica é o estudo das transições de energia em estados electrónicos em átomos e moléculas. Processos básicos podem ser estudados, tais como: absorção, emissão e dispersão. A configuração de cada processo é diferente.

Na configuração de absorção, no caso de moléculas, os fotões enviados de uma fonte são absorvidos da amostra e determinam uma transição dos electrões para um estado excitado das orbitais moleculares. O regresso ao estado de terra ocorre então e pode ser feito por um mecanismo radiativo ou por um não radiativo. Estes processos são bem explicados pelo esquema Jablonski [Fig. 1].

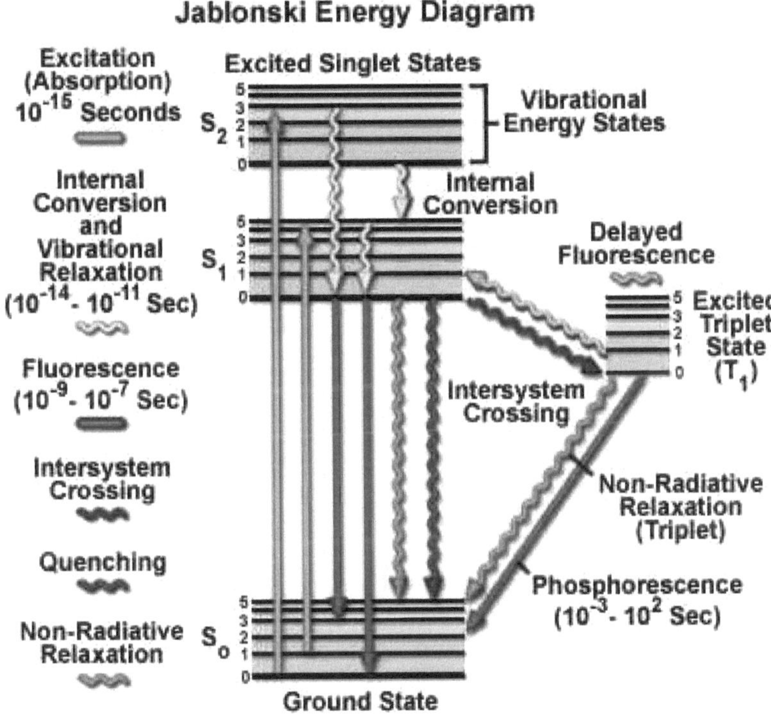

Fig. 1: Esquema de Jablonski de transições ópticas em moléculas

A intensidade das linhas espectrais (bandas para moléculas) pode ser avaliada utilizando a lei Lambert-Beer:

A= ε .l .C=log Io /I

onde: ε = coeficiente de absorção molar [M/cm]

l = comprimento do percurso (espessura da amostra) [cm] [cm

C = concentração molar [M]
Io= intensidade inicial da radiação

I = radiação transmitida após interacção com a amostra

Os cromóforos são grupos funcionais nas moléculas com absorção óptica característica. O efeito destes grupos e o efeito da conjugação destes grupos determina a cor das moléculas e assim a informação estrutural pode ser obtida. Também o solvente afecta o espectro de absorção.

Os espectros foram adquiridos utilizando um espectrofotómetro de feixe duplo (Perkin Elmer) onde a radiação proveniente de um UV ou de uma lâmpada visível é filtrada e depois dividida em dois feixes: um feixe é enviado para a amostra de referência (0% de analito) e o outro para a amostra. Os dois feixes transmitidos são combinados e analisados.

OBJECTIVO

Uma concentração desconhecida de Rhodamine 6G (R6G) [Fig. 2] foi diluída em etanol. O objectivo desta actividade era produzir soluções padrão com concentração conhecida de R6G e construir uma linha de calibração utilizando a lei Lambert-Beer a partir dos espectros adquiridos, a fim de determinar a concentração da amostra desconhecida.

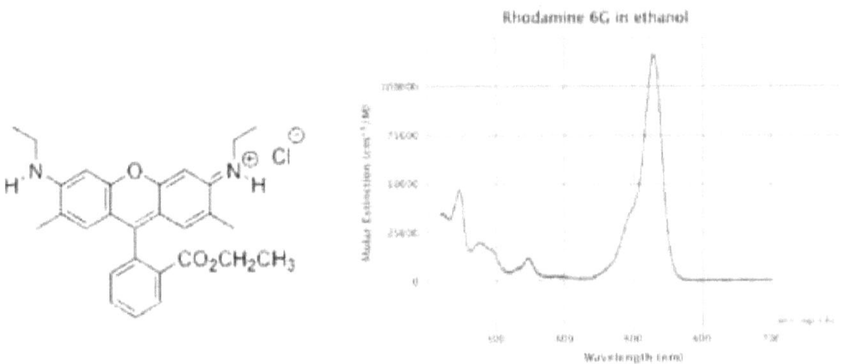

$$^*\varepsilon : 116{,}000 \ cm^{-1}/M \ at \ 529.8 \ nm$$

Fig. 2: Estrutura e parcela de rodamina 6G do comprimento de onda (λ) versus o coeficiente de absorção molar (ε) [1]

PROCEDIMENTOS EXPERIMENTAIS

Foi utilizada uma solução de reserva de R6G (5,22x10-5 M) em etanol para preparar cinco
soluções padrão com diferentes concentrações em frascos de 5 ml [Tab. 1].

Solução padrão	Concentração final [M]	Volume calculado da solução de reserva [μl]
1	2,16 $\cdot$10 -7	20,69
2	4,31 $\cdot$10 -7	41,285
3	1,72 $\cdot$10 -6	164,75
4	2,00 $\cdot$10 -6	191,57
5	2,59 $\cdot$10 -6	248,085

*Quadro 1: Concentração de soluções padrão e volume relativo da solução de reserva
utilizada para as produzir*

Com uma pipeta mecânica cada frasco foi enchido primeiro pelo conteúdo correcto da solução
de reserva e depois com etanol até atingir com o menisco inferior a linha de 5 ml. As soluções
preparadas foram vertidas em cuvetes de vidro SiO2. Foi utilizada como referência uma
cubeta apenas com etanol.

As amostras foram analisadas no espectofotómetro definido como se segue:

- fonte: W lâmpada de filamento (apenas região visível);

- intervalo de comprimento de onda analisado: 300 $\div$ 700 nm;

- Taxa de digitalização: 400 nm/min;

- Passo de dados: 1 nm.

A análise de dados foi realizada utilizando o software OriginPro. A subtracção da linha de base
foi feita de modo a mantê-la perfeitamente horizontal. A hipótese de que no comprimento de onda
de 650 nm a absorvância de todos os espectros é zero foi tomada a fim de ter a mesma linha de
base para todos eles e assim comparar facilmente os espectros [Fig. 10].

RESULTADOS (ESPECTROS EXPERIMENTAIS)

As parcelas seguintes representam os espectros adquiridos para cada amostra:

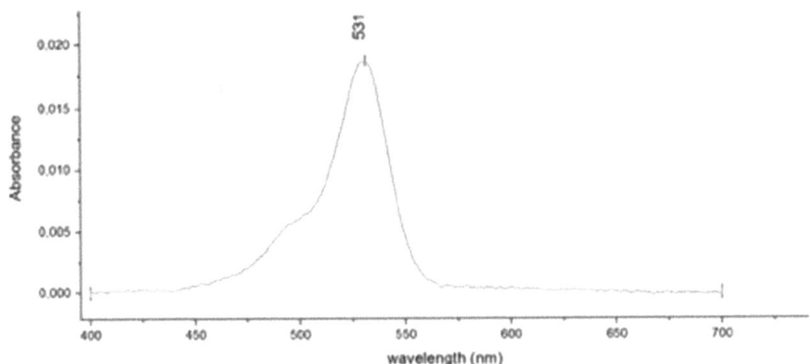

Fig. 3: Solução padrão 1

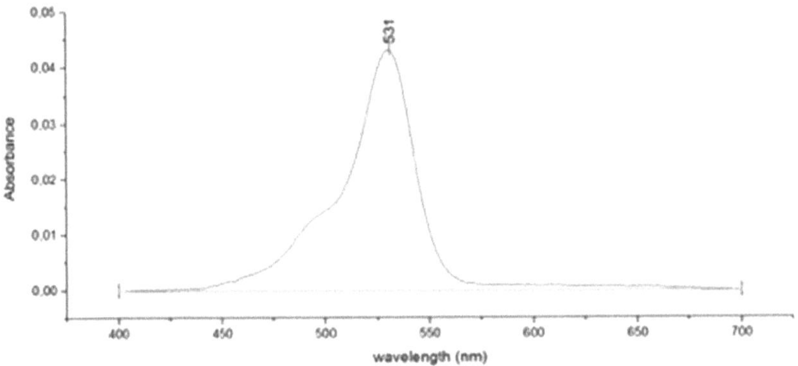

Fig. 4: Solução padrão 2

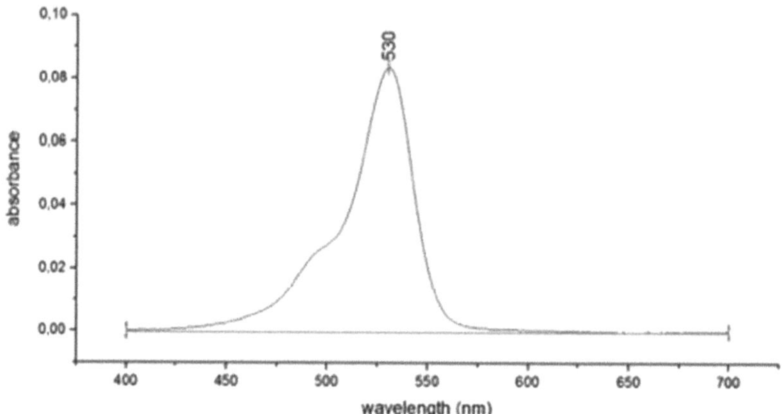

Fig. 5: Solução padrão

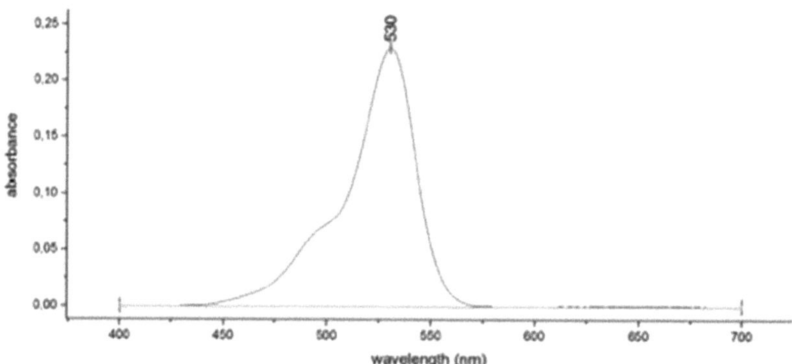

Fig. 6: Solução padrão 4

34

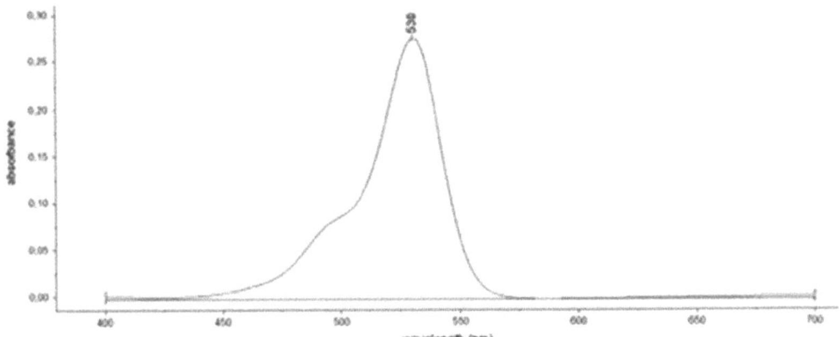

Fig. 7: Solução padrão 5

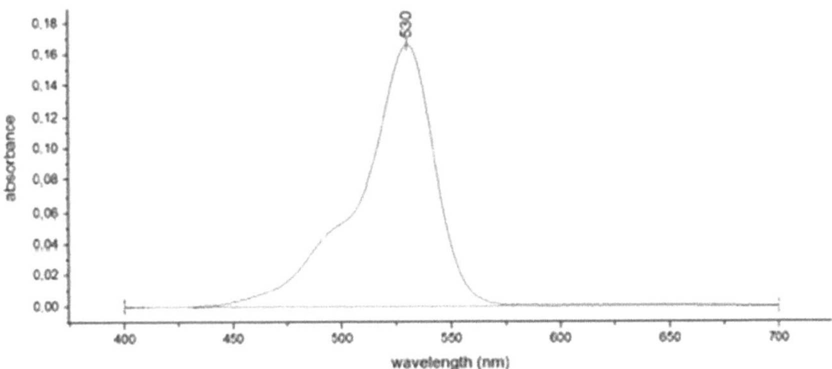

Fig. 8: Solução padrão desconhecida

LINHA DE CALIBRAÇÃO DE ANÁLISE DE DADOS

De acordo com os dados comunicados na literatura [1], a intensidade máxima da absorvância é de cerca de 530 nm.

Como relatado em [Fig. 3, 4, 5, 6, 7], aumentando a concentração de R6G, ocorre um desvio azul dos picos. Esta característica, mesmo que o deslocamento seja muito pequeno, pode ser atribuída ao efeito do solvente. As moléculas de etanol interagem com o R6G por meio de ligações de hidrogénio. Estas ligações protegem parcialmente as moléculas de R6G e modificam a energia que estas podem absorver. Isto leva a um deslocamento azul do espectro de absorção aumentando a concentração de Rodamina 6G em solução com etanol, porque o número de ligações H diminui se a concentração das moléculas de etanol diminuir.

Por meio de OriginPro, a linha de calibração foi ajustada traçando a concentração versus a absorvância [Fig. 9] no comprimento de onda fixo de 530 nm reportado no [Tab. 2].

Solução padrão	Concentração [M]	Absorbância (λ=530 nm)
1	2,16E-07	0,01858
2	4,31E-07	0.043
3	1,72E-06	0,08357
4	2,00E-06	0,23002
5	2,59E-06	0,27437

Tabela. 2: Valores da absorvância a 530 nm para cada solução padrão

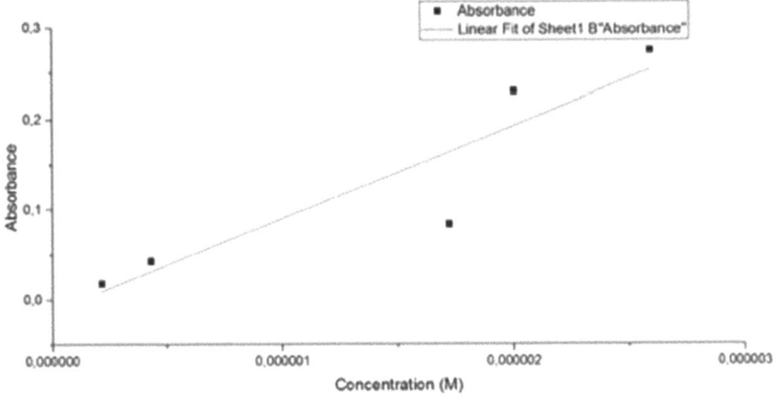

Fig. 9: Interpolação linear dos dados adquiridos a partir da solução padrão diferente

Os parâmetros de ajuste linear são os seguintes:

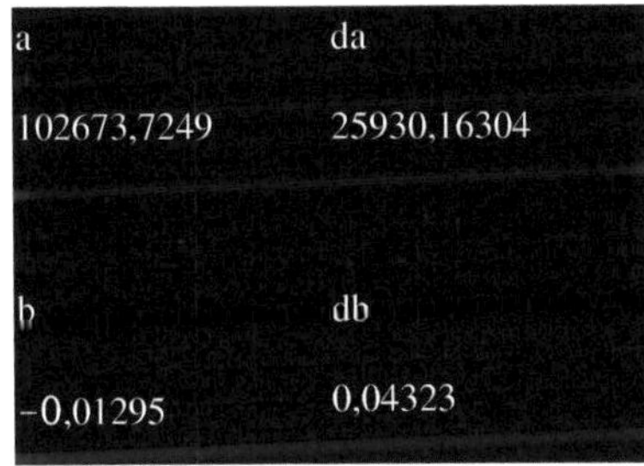

onde: a = declive da linha

da = erro associado à inclinação "a" b = intercepção
db = erro associado à intercepção "b"

Conhecendo estes parâmetros e a absorvância da concentração desconhecida a 530 nm que é 0,16603 [-], o cálculo da concentração desconhecida e a sua incerteza foi efectuado assumindo que o erro associado à medida da absorvância é zero e os erros associados à inclinação e à intercepção são independentes uns dos outros.

Os resultados são os seguintes:

$$C_x = \frac{A_x - b}{a} = 1{,}7 \cdot 10^{-6} \, M$$

$$dC_x = \sqrt{\left(\frac{\partial C}{\partial a}\right)^2 \cdot da^2 + \left(\frac{\partial C}{\partial b}\right)^2 \cdot db^2} = 6 \cdot 10^{-7} \, M$$

DECONVOLUÇÃO DOS ESPECTROS

Como bem representado em [Fig. 10], todos os espectros apresentam um ombro esquerdo. Estes ombros são devidos a um pico de absorção menor ligeiramente inferior ao pico de absorção principal a 530 nm.

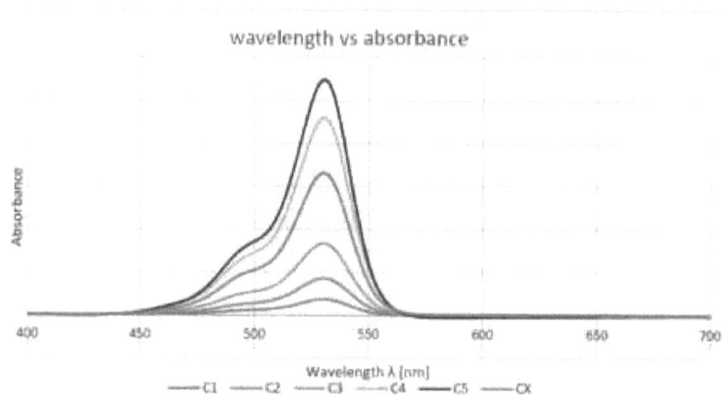

Fig. 10: Comparação de todos os espectros adquiridos

Por meio de OriginPro, a segunda posição de pico foi calculada (qualitativamente) para as concentrações de C1, CX e C5 fazendo um ajuste de pico usando curvas Gaussianas puras [Fig. 11, 12, 13]. *Fig. 11:*

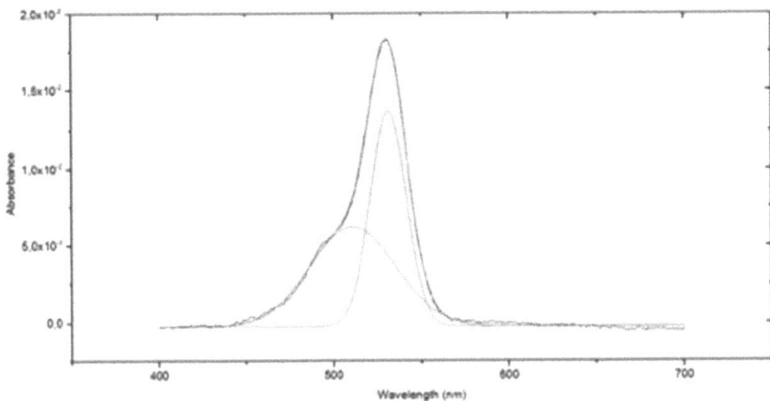

Fig. 11: Solução padrão de encaixe de pico C1

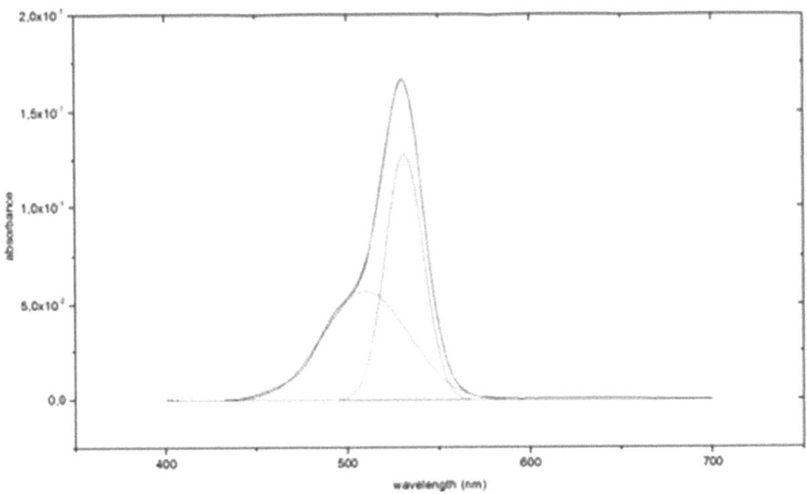

Fig. 12: Pico de encaixe da solução desconhecida CX

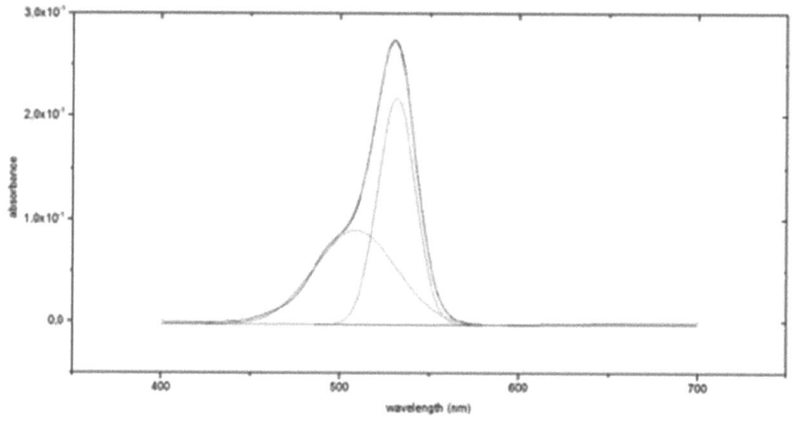

Fig. 13: Solução padrão de encaixe de pico C5

Os principais parâmetros de encaixe são os seguintes: [Tab. 3]

	Índice de Pico	Tipo de Pico	Área de ajuste	Centro de Pico [nm]	Altura máxima	FWHM [nm]
	1	Gaussiano	0,35605	531,31788	0,01397	23,93894
c1	2	Gaussiano	392	511,06812	0,00645	57,06489
	Índice de Pico	Tipo de Pico	Área de ajuste	Centro de Pico [nm]	Altura máxima	FWHM [nm]
	1	Gaussiano	3,32248	531,39025	0,12824	24,33958
CX	2	Gaussiano	3,33527	510,18466	0,05721	54,77223
	Índice de Pico	Tipo de Pico	Área de ajuste	Centro de Pico [nm]	Altura máxima	FWHM [nm]
c	1	Gaussiano	5,77712	531,37538	0,2198	24,69208
5	2	Gaussiano	5,24544	508,69448	0,09213	53,48522

Tabela. 3: Propriedades de encaixe do pico. NB: etiqueta 1 = pico principal; etiqueta 2 = pico menor.

Ambos os picos são o resultado da absorção da parte verde da luz visível (principalmente) e isto está de acordo com a cor do R6G que é um roxo claro, o complementar.

A área subtendida da curva menor 2 varia linearmente com a concentração da solução de Rhodamine 6G em etanol [Fig. 14]. Também neste caso, os centros dos picos das curvas menores deslocam-se para um comprimento de onda inferior devido ao efeito de solvente. Os centros dos picos se a curva principal se alterar ligeiramente não devido ao efeito solvente mas apenas para melhor se ajustar aos espectros gerais, pelo que este resultado não pode ser considerado fiável, caso contrário ocorre um desvio vermelho.

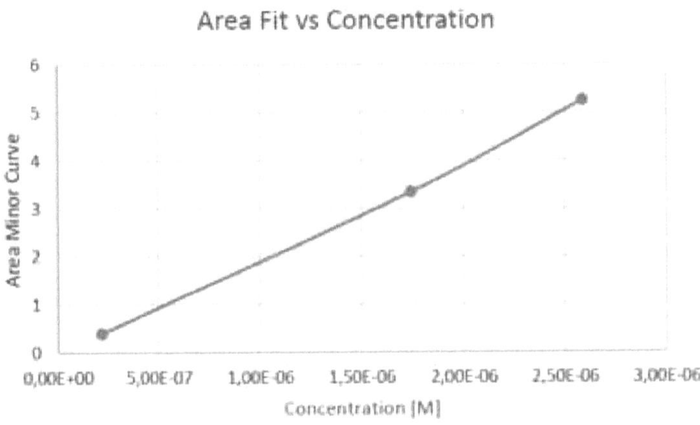

Fig. 14· Tendência da área da curva 2 variando a concentração das soluçoes

CONCLUSÕES

* A tendência linear da lei Lamber-Beer está bem ajustada pelos resultados experimentais, excepto para a solução padrão 3 que se desvia significativamente.

* A concentração da solução desconhecida é = 1,7 ± 0,6 .10 -6 $^{M.}$

* O efeito do solvente foi cuidadosamente avaliado e está de acordo com a descrição teórica do fenómeno.

REFERÊNCIAS

[1] Birge, R. R. (1987) "Kodak Lasers Dyes", publicação Kodak JJ-169.

ÍNDICE

I want morebooks!

Buy your books fast and straightforward online - at one of world's fastest growing online book stores! Environmentally sound due to Print-on-Demand technologies.

Buy your books online at
www.morebooks.shop

Compre os seus livros mais rápido e diretamente na internet, em uma das livrarias on-line com o maior crescimento no mundo! Produção que protege o meio ambiente através das tecnologias de impressão sob demanda.

Compre os seus livros on-line em
www.morebooks.shop

KS OmniScriptum Publishing
Brivibas gatve 197
LV-1039 Riga, Latvia
Telefax: +371 686 204 55

info@omniscriptum.com
www.omniscriptum.com

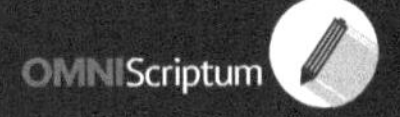

Printed by Books on Demand GmbH, Norderstedt / Germany